大小建筑系列·第1辑

江 · 海

主编 李瑶

JIANG
HAI

同济大学 出版社
TONGJI UNIVERSITY PRESS

李瑶与马里奥·博塔（Mario Botta）于瑞士卢加诺的会面，博塔先生正为本书撰写序言。

Caro Li Yao

Ho appena sfogliato la pubblica-
zione del tuo nuovo edificio
Jiang Hai e mi ha molto
impressionato l'eleganza degli
spazi ei dettagli della costruzione.
Nel mio prossimo viaggio
in Cina spero proprio di avere
l'occasione per visitarlo.
Per ora voglio complimentarmi
per questo tuo lavoro e ringra-
ziarti per la bella-intensa
collaborazione che abbiamo avuto
per il nostro "Twelve at Hengshan".
"GRAZIE"

Mario Botta

ARCHITETTO - CH 6850 MENDRISIO VIA BEROLDINGEN 29 TEL. +41 91 972 86 25 FAX +41 91 970 14 54 e-mail: mba@botta.ch

致李瑶：

　　在《江·海》一书中看到您的最新项目，这个建筑有着理想的建筑空间和精细的构造细部。期待在下次中国之行能到访该建筑。我在此祝贺你新作的出版，也再次为我们在衡山路十二号项目中的良好合作表示感谢。

马里奥·博塔
2013.09.14 于瑞士卢加诺

目　录
CONTENTS

01 开篇
OPENING

建筑，是具有生命力的作品，
建筑师的创作赋予其灵魂和气质。

建筑，也是基于环境影响的创作，
通过其个性化的表达融合于环境并提升区域品质。

江海大厦是具有生命力的建筑创作，确定了区域的理想氛围。

这个建筑是现代的，
位于长江之畔，赋予场地如长江般的活力和气势，通透俊秀，相得益彰；

这个建筑是干练的，
将功能和外表特征完美地结合，对应区域开放的胸怀和实践精神；

这个建筑也是谦逊的，
注重细节下的建筑个性，更以长江之帆的姿态，融入江海怀抱。

架构下的主楼轮廓

02 区位
LOCATION

中国 "长江三角洲地区"
Yangtze River Delta

海门经济技术开发区位于长江入海口北岸，与上海隔江相望，四道相通。苏通大桥、长江汽渡和即将建设的沪通铁路、崇海大桥使海门经济开发区成为上海一小时经济圈内靠上海最近的开发区之一。2013年1月17日，经国务院正式批准升级为国家级经济技术开发区，定名为"海门经济技术开发区"。

江海商务大厦位于海门市南部开发区的核心区域，占地面积45 329m²，总建筑面积66 020m²，其中地下部分10 000m²。南侧面向长江，景观条件得天独厚。作为区域对外服务以及配套商务功能的窗口，它为区域内的政府和企业提供全方位的便捷服务。21层办公主楼为区域中心，主要用于研发中心、总部经济、服务外包等现代商务业；4层配套裙房围绕左右，设置会议中心、展厅以及相关服务设施，构筑成多功能综合性商务大厦。

西南侧整体视角

03 立意
CONCEPT

对应于项目所处长江一隅的优越条件，满足区域对外服务配套使用的功能需求，建筑整体形象取义于"江海之帆"。

作为开发区的起点式建筑，与区域发展相融合、相协调，并成为区域阶段性的形象标志建筑。裙房刻画出与长江之势相协调的船体意向，主楼呈现扬帆起航的立意。建筑以独有的强烈视觉，成为一张颇具魅力的城市名片，提升了整个海门经济技术开发区的城市魅力指数。

建筑以现代的风格展现，立面采用玻璃、石材、金属材质，相互穿插，通透俊秀，与江海之滨的环境相得益彰。景观设计强调衬托和融合，大片的绿化依势而植，使现代建筑和入口广场空间得以柔化和限定，突显了空间在室内外的对话。

主楼东南侧视角

勾勒·型·意

文/李瑶

· 2012年5月16日　　　自2002年底起负责的中央电视台新台址主楼在经历曲折后最终落成。

· 2012年12月12日　　位于上海复兴路历史文化风貌区的衡山路十二号豪华精选酒店低调地揭开面纱。

· 2012年年底　　　　全过程负责的原创设计作品全面呈现 —— 江海商务大厦正式启用。

· 2012年由此成为一个收获年，是2011年9月创建"大小建筑"以来对于前期设计阶段的圆满收官。

2009年年初，当接手项目时，面对一片浩瀚的长江之水和平坦的建设用地，努力构建城市和自然资源的对话成了我们最主要的思考。

在设计初期，我们进行多方案比选，有选择多层建筑的组合来顺应江河之势；也有选择塔楼的高度表现。基于用地周边尚未启动的现状，最终选择了融于环境并凸显于环境的主塔与裙房有机结合的方式。

总平面分为类似船舷的三段式纵线布局作为基本走向。

项目的主体使用功能为向市民开放的外向式服务需求和内部总部办公的基本需求。结合这两大功能需求，在基地南侧形成前侧裙房对外开放，中区办公相对独立的划分。裙房的三大体块空间包括主楼入口大厅、服务区域和展示空间。体块之间以"水庭"的景观化处理方式，使裙房区域形成依水环绕的建筑环境，统一的顶部天棚也形成了视觉第一印象，丰富了主题立意，也实现了造型平衡。

中区办公主楼作为区域地标性建筑，打造高100m共21层的甲级办公楼。建筑特色在于主楼第18层的空中观景大厅，利用得天独厚的长江资源和高度优势，俯瞰江景，千帆过尽，一览无余。

北区以区域健身配套服务设施为主，配备了健身中心、标准游泳池、篮球场等场地。两个区域的体块之间同样是以一个开放式的景观环境衔接，恬静舒适的内院景观与俯瞰江景的雄厚气魄相得益彰。

裙房区域强调块面和水平向的线条组合，在端部以斜角的处理方式加强水平延展力，更对应于长江船体的构想；主楼部分以竖向线条构成，顶部以斜角收头，形成江帆造型，不失现代建筑的简约之美。

结合绿色节能的要求，南侧开敞的玻璃幕墙和铝板形成间隔变化。相对而言，主楼北侧、西侧以及东侧裙房以石材幕墙加以对应，加强公共办公建筑的稳定视觉印象，也更好地对应节能要求。

规划总平面

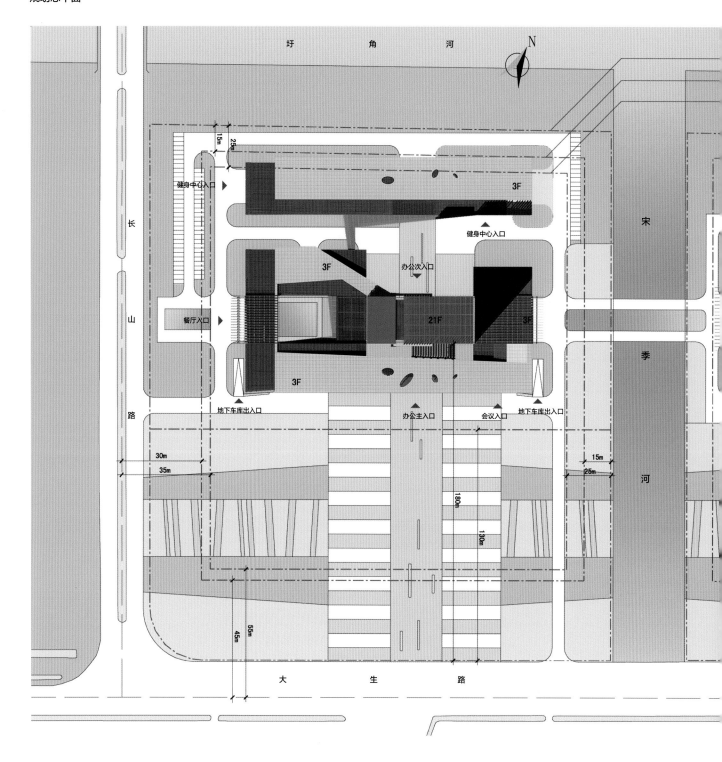

用地红线

高度小于 50m 建筑退界限

高度大于 50m 建筑退界限

20F

3F

总体指标

总建筑面积	66 020m^2
地上面积	56 020m^2
地下面积	10 000m^2
总用地面积	45 239m^2
建筑密度	31%
容积率	1.4
绿地率	40%
停车数	319辆
地上停车数	40辆
地下停车数	279辆
塔楼高度	105m（21层）
塔楼结构高度	96m
裙房高度	13.5m（3层）

景观分析

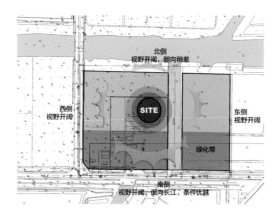

功能分析

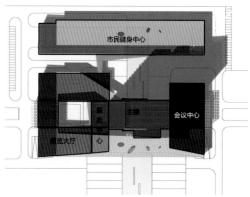

行人流线分析

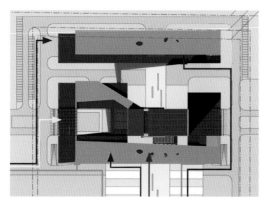

→ 办公　→ 会议　→ 行政服务　→ 展示观览
→ 体育运动　→ 餐饮

车行流线分析

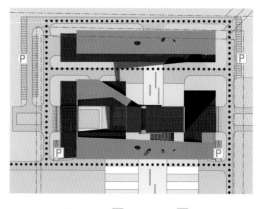

•••••• 车行交通规划　P 地上停车位　P 地下停车库出入口

建筑体量分析

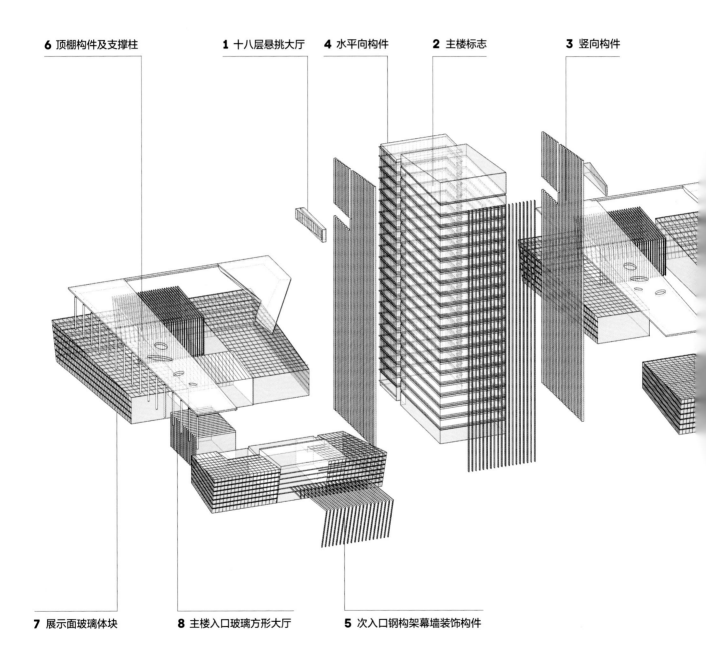

6 顶棚构件及支撑柱　　　**1** 十八层悬挑大厅　　**4** 水平向构件　　**2** 主楼标志　　　　**3** 竖向构件

7 展示面玻璃体块　　　　**8** 主楼入口玻璃方形大厅　　**5** 次入口钢构架幕墙装饰构件

第 18 层空中观景大厅利用了得天独厚的长江资源和高度优势，俯瞰江景，千帆过尽，一览无余，成为开发区的一大特色。

大厦的标志以风浪中的船帆为主形态，这也是建筑的设计原点，使建筑功能定位在形态上有所契合。

1	2
3	4
5	6
7	8

04 图说
PICTURES

1 主楼西侧视角

2 主楼正立面入口

3 南北区连廊

1 主楼北立面局部
2 主楼西立面局部

1 裙房斜角幕墙
2 室外连廊

1 夕阳下的裙房
2 裙房斜角幕墙

1 南侧夜景
2 西北侧夜景

05 图版
DRAWINGS

总平面图

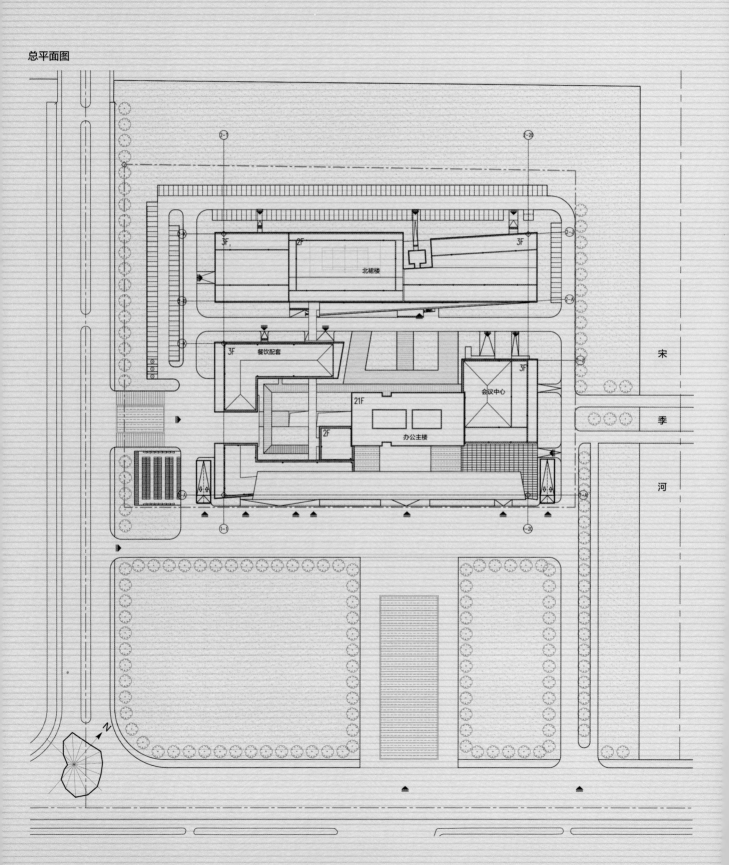

总平面布局

　　基地总体上分为 3 个块面，南侧为长 130m 的绿化带，宋季河东侧为远期规划用地，西侧为本次规划设计重点地块。

　　规划要求主楼退道路红线 180m，所以主体建筑及裙楼都集中于基地的北侧。主楼东侧为会议中心，西侧为行政服务及餐厅，北侧为体育活动中心。

　　南侧的主广场为人行入口，西侧为辅助入口。车行入口位于基地东南侧和西侧，在基地内形成环路。

南区一层平面图

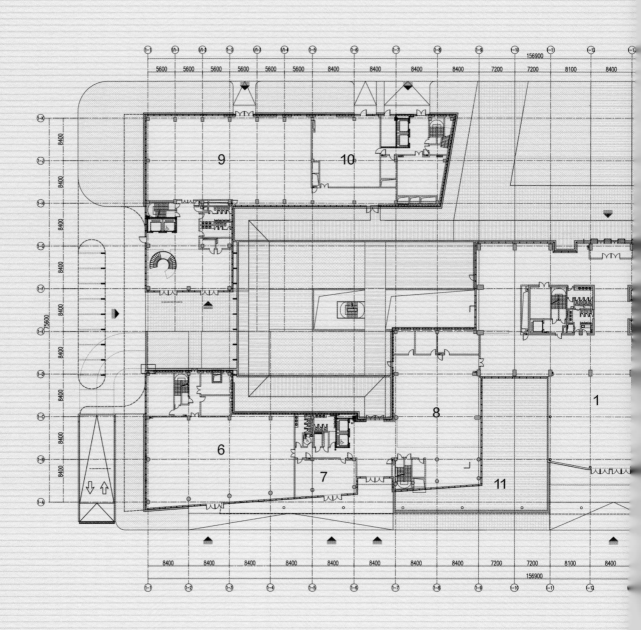

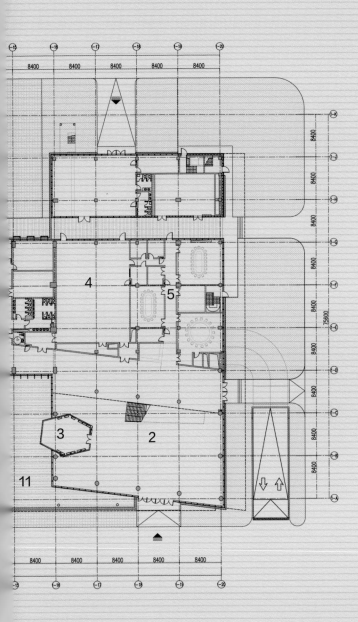

1　主入口大厅
2　展示厅
3　视听室
4　接待厅
5　会议中心
6　展厅
7　银行
8　办事大厅
9　餐厅
10　厨房
11　水庭

南区二层平面图

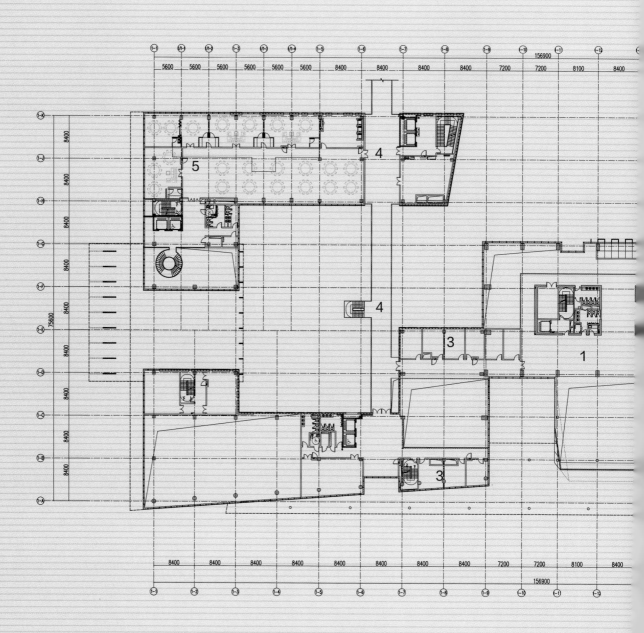

1   会议前厅
2   500 人会议厅
3   办公室
4   室外连廊
5   配套餐厅

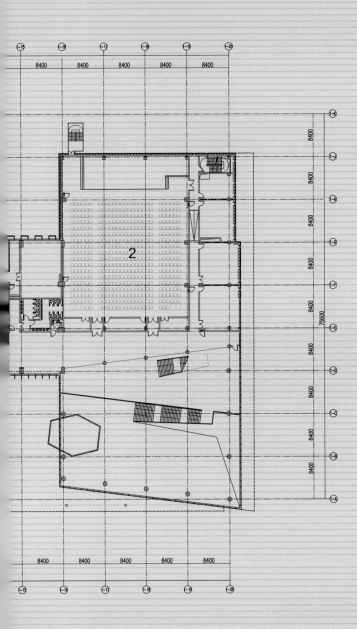

南区地下一层平面图

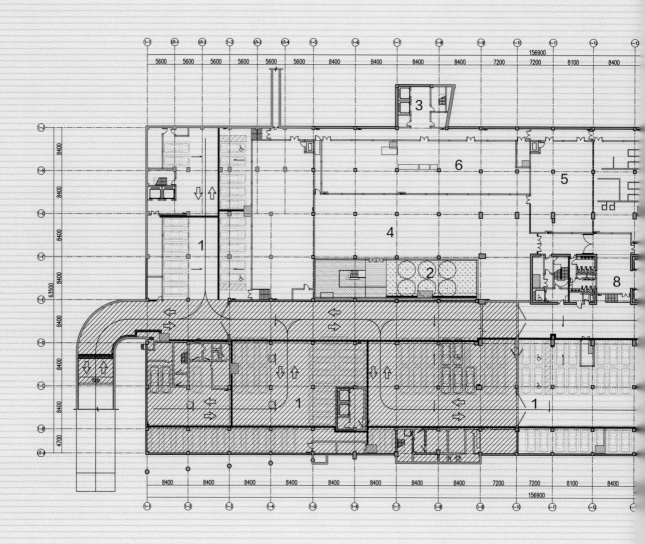

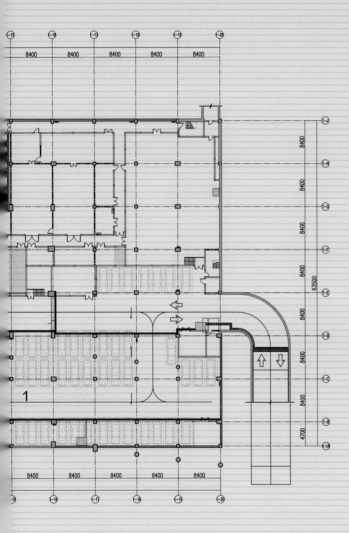

北区一层及地下夹层平面图

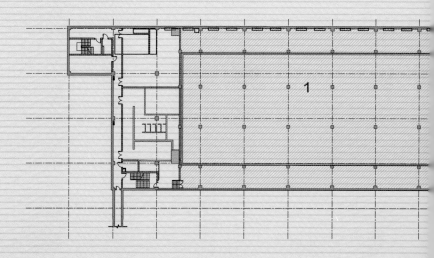

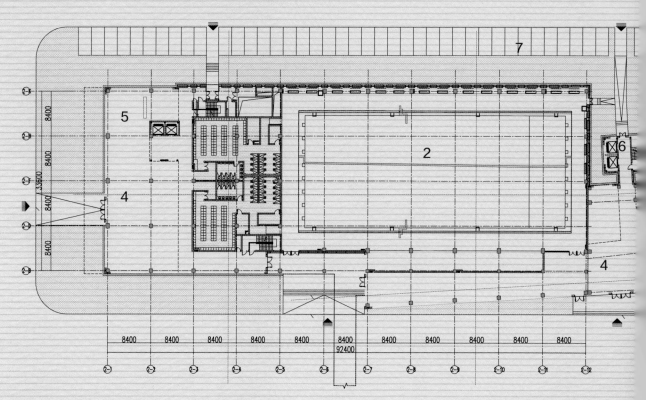

1   设备层
2   健身泳池
3   健身房
4   前厅
5   咖啡区
6   电梯厅
7   停车位

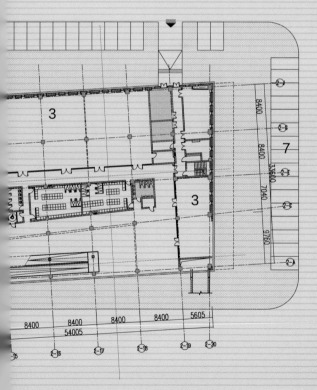

北区二层平面图

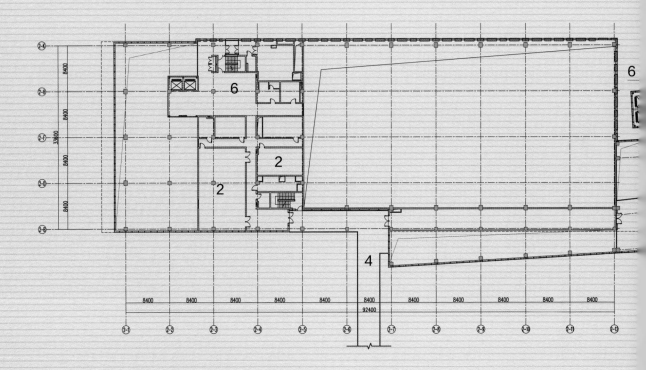

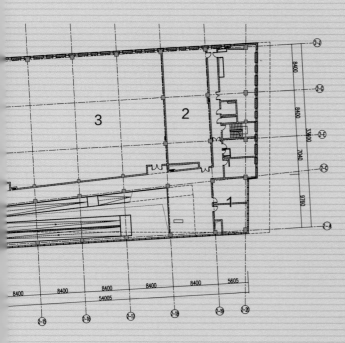

1　办公室
2　配套用房
3　篮球场
4　室外连廊
5　前厅
6　电梯厅

十八层平面图

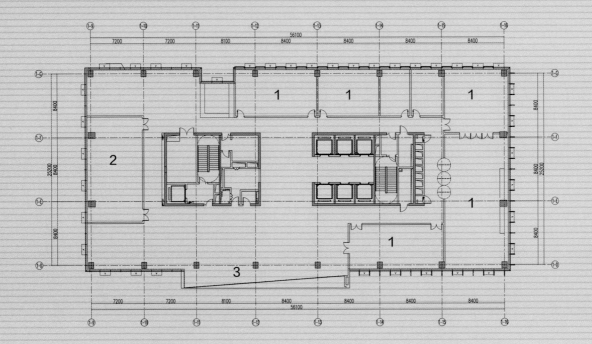

1　会议室
2　总部新闻发布中心
3　观景大厅

总部办公标准层平面图

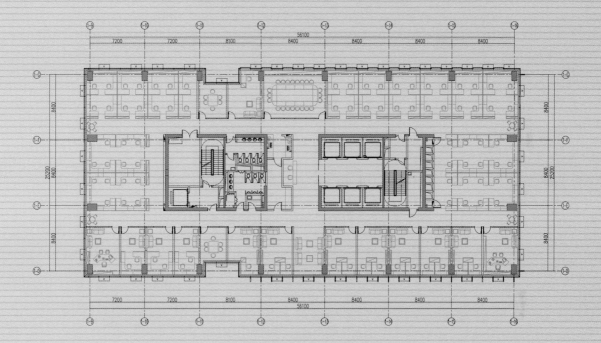

主楼正立面图

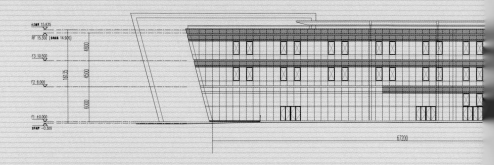

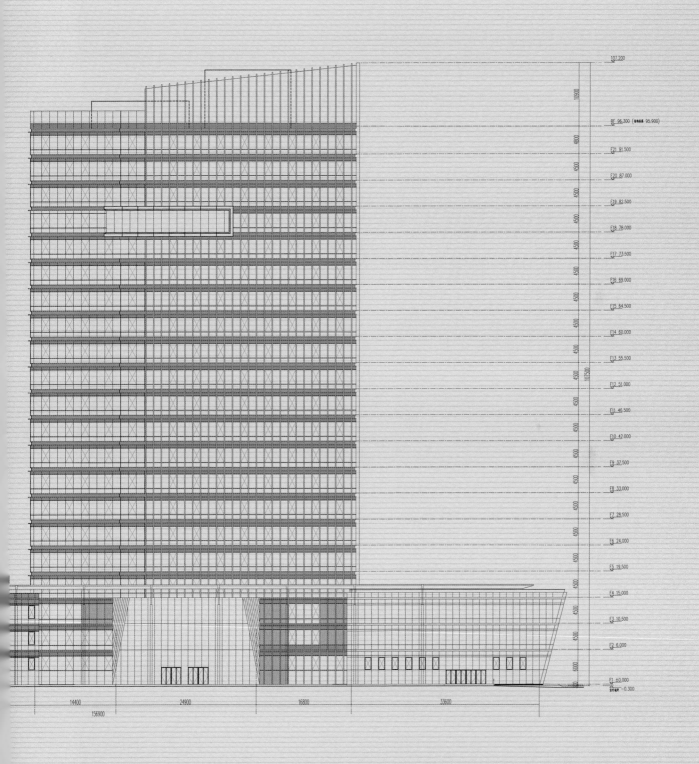

主楼北立面图

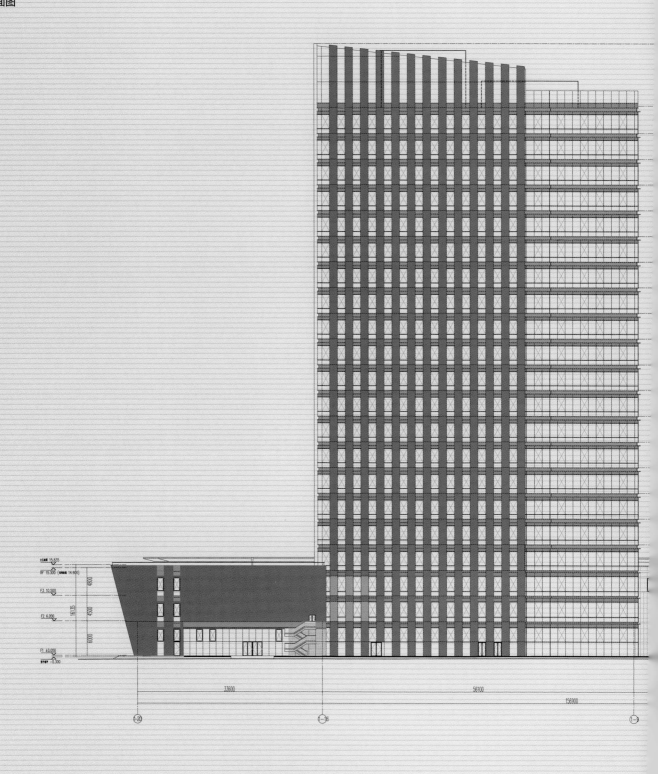

107.200

10000

RF 96.300 (女儿墙顶 95.900)

4800

F21 91.500

4500

F20 87.000

4500

F19 82.500

4500

F18 78.000

4500

F17 73.500

4500

F16 69.000

4500

F15 64.500

4500

F14 60.000

4500

F13 55.500

4500

F12 51.000

4500

F11 46.500

4500

F10 42.000

4500

F9 37.500

4500

F8 33.000

4500

F7 28.500

4500

F6 24.000

4500

F5 19.500

4500

F4 15.000

4500

F3 10.500

4500

F2 6.000

6000

F1 ±0.000

300

室外地坪 -0.300

107500

67200

①-

主楼剖面图

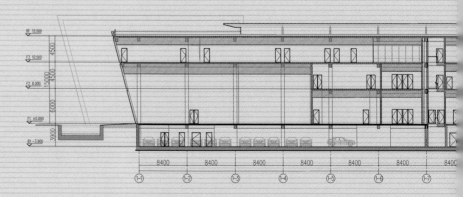

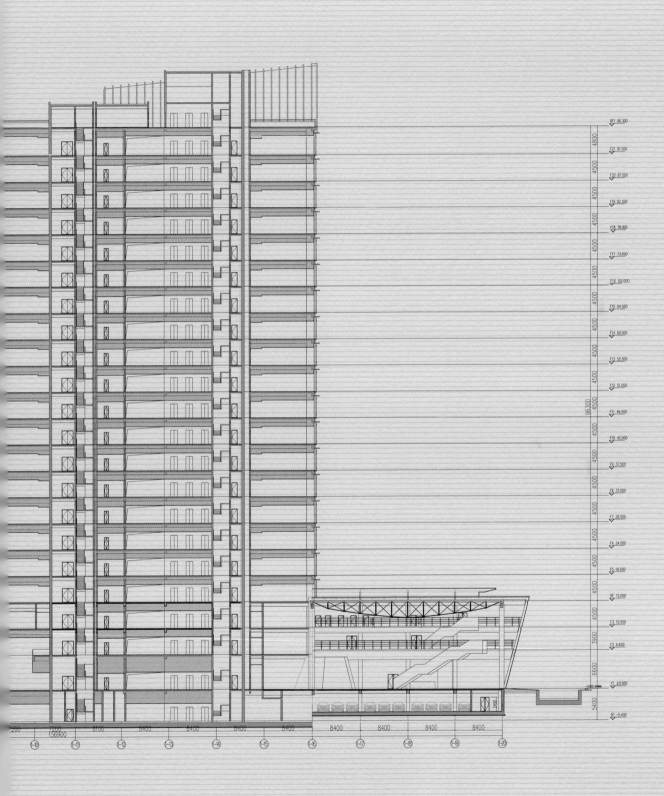

主楼西立面图

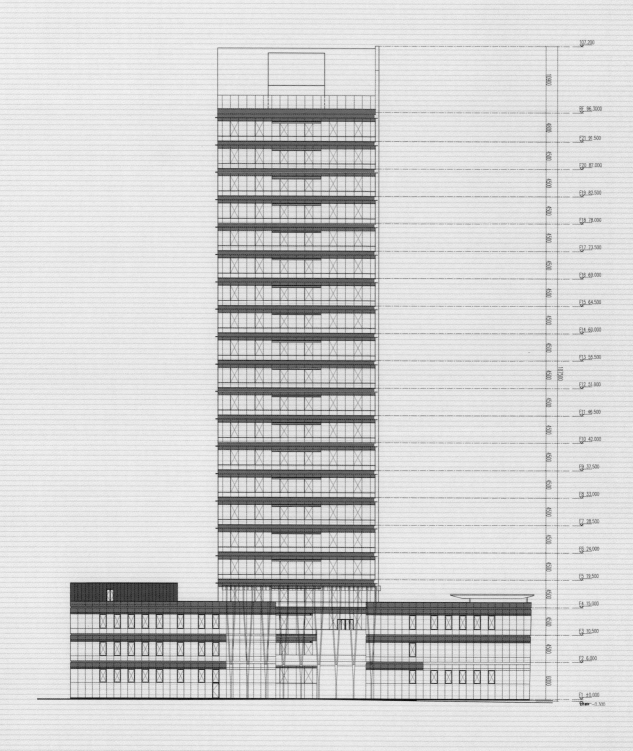

北裙楼立面图

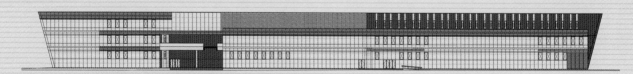

北裙楼南立面图

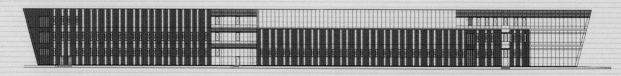

北裙楼北立面图

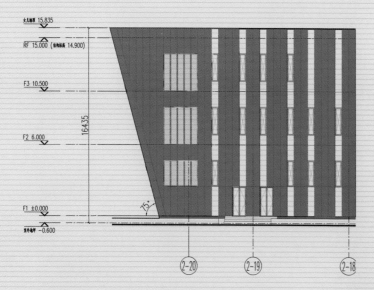

大凡地坪 15.835
RF 15.000 (结构标高 14.900)
F3 10.500
F2 6.000
16435
75°
F1 ±0.000
室外地坪 −0.600

2-20 2-19 2-18

北裙楼立面放大图 1

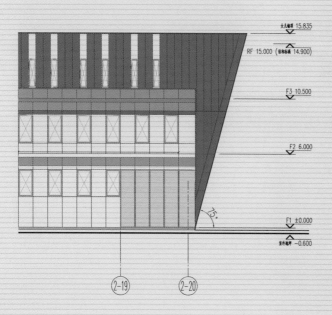

大凡地坪 15.835
RF 15.000 (结构标高 14.900)
F3 10.500
F2 6.000
75°
F1 ±0.000
室外地坪 −0.600

2-19 2-20

北裙楼立面放大图 2

南裙楼剖面图

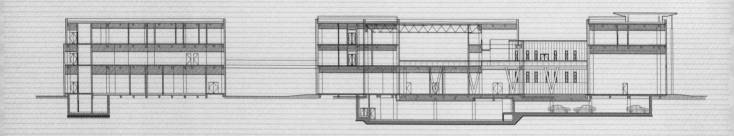

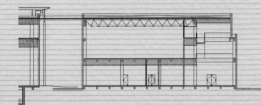
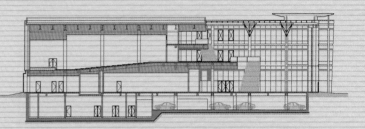

06 幕墙
FACADE

1   2

1 主楼立面局部
2 北裙楼立面局部

1 | 2

1 主楼立面局部
2 入口门廊局部

十八层观景平台图

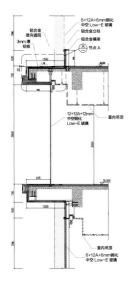

剖面图 1

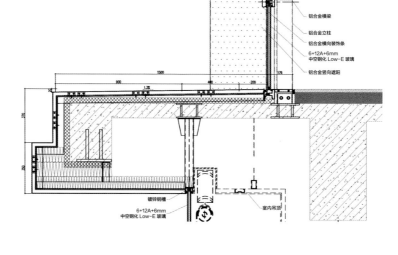

节点 A

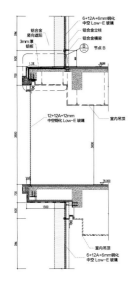

剖面图 2

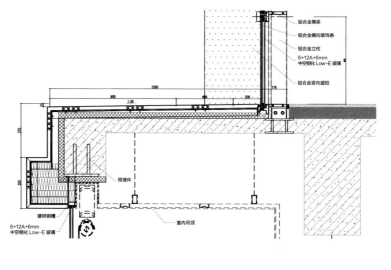

节点 B

主楼层间节点图

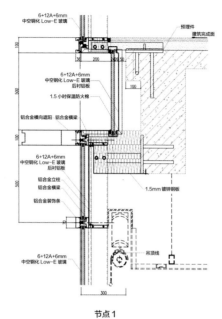

节点 1

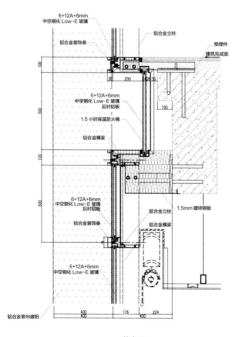

节点 2

主楼标准横剖节点图（带竖向遮阳板）

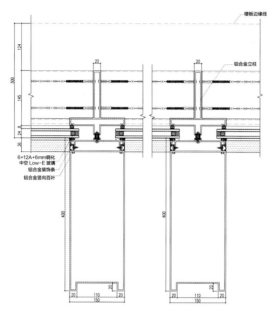

非开启窗横剖节点

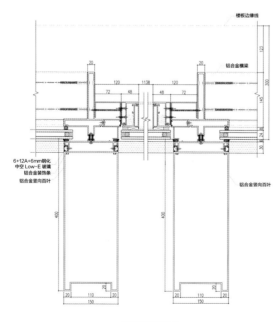

开启窗横剖节点

西裙楼节点图

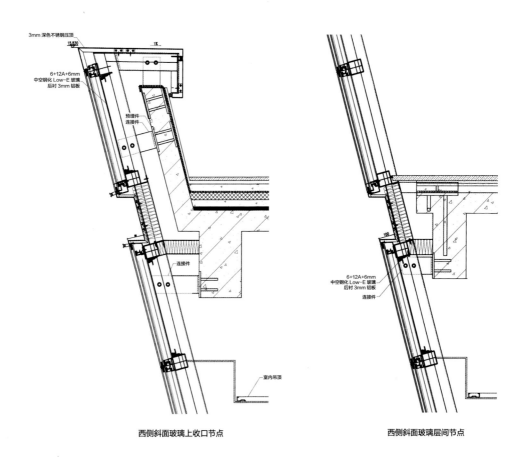

3mm 深色不锈钢压顶

6+12A+6mm
中空钢化 Low-E 玻璃
后衬 3mm 铝板

预埋件
连接件

连接件

室内吊顶

6+12A+6mm
中空钢化 Low-E 玻璃
后衬 3mm 铝板
连接件

西侧斜面玻璃上收口节点   西侧斜面玻璃层间节点

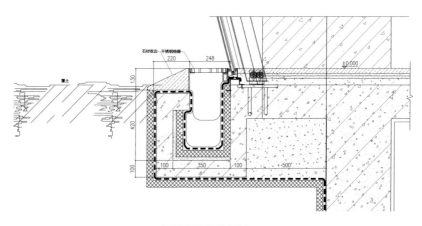

石材收边
不锈钢格栅
220   248

±0.000

厚土

130

420

100   100   350   100   ·500·

西侧斜面玻璃下收口节点

北裙楼节点图

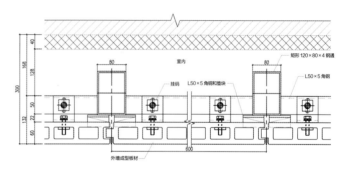

北裙楼板材幕墙标准横剖节点 1

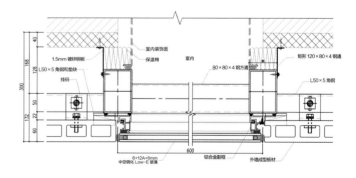

北裙楼板材幕墙标准横剖节点 2

江海 · 通透 · 精准

1. 玻璃肋幕墙稳定分析

　　全玻璃幕墙因其通透、美观的特点，越来越多地被应用到现代建筑中。全玻璃幕墙主要由面玻与玻璃肋组成。玻璃是一种脆性材料，玻璃肋作为全玻璃幕墙的支撑结构，应极其注意它的使用安全，特别是较高玻璃肋的稳定性计算。超高的玻璃肋一般都是拉弯构件，需要注意的是拉弯构件也存在稳定问题。玻璃肋在面内荷载的作用下，首先发生平面内弯曲变形，随着荷载的增加，玻璃肋会发生平面外弯曲并扭转，即侧向屈曲。而玻璃肋的厚度、间距、跨度及面玻的重量都是影响玻璃肋稳定的重要因素。

　　江海商务大厦门厅采用玻璃肋幕墙，该玻璃肋高度为13.67m，面玻为6+12A+6mm中空玻璃，玻璃肋为15+1.52PVB+15mm夹胶玻璃。本例将采用有限元计算对影响玻璃肋幕墙稳定的因素逐一分析，并得到有利于玻璃肋稳定的设计结论。由于在正风压工况下，面玻对玻璃肋的受压侧有侧向支撑的作用，因此本例主要研究负风作用下玻璃肋的稳定问题。

　　经过比对分析，由下面的数据可知，增加玻璃肋的厚度，可以非常有效地提高玻璃肋的稳定系数。而增大玻璃肋的跨度，则会导致玻璃肋的迅速失稳。增大玻璃肋的间距会降低玻璃肋的稳定性能，而增加面玻的自重对于维持玻璃肋的稳定则是有利的，不过自重的影响相对较小。

玻璃肋厚度的影响

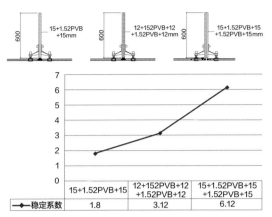

	15+1.52PVB+15	12+152PVB+12 +1.52PVB+12	15+1.52PVB+15 +1.52PVB+15
—◆—稳定系数	1.8	3.12	6.12

当玻璃肋厚度由 15+1.52PVB+15mm 增加至 15+1.52PVB+15+ 1.52PVB+15mm 时，厚度增加了 50%，稳定系数却提高了 2.4 倍。

玻璃肋间距的影响

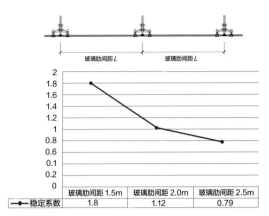

	玻璃肋间距 1.5m	玻璃肋间距 2.0m	玻璃肋间距 2.5m
—◆—稳定系数	1.8	1.12	0.79

当玻璃肋间距由 1.5m 增加至 2.5m 时，间距增加了 66%，稳定系数则下降了 56%。

面玻重量的影响

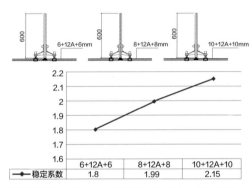

	6+12A+6	8+12A+8	10+12A+10
—◆—稳定系数	1.8	1.99	2.15

当面玻重量由 6+12A+6mm 增加至 10+12A+10mm 时，重量增加了 66%，稳定系数则增加了 19.4%。

玻璃肋跨度的影响

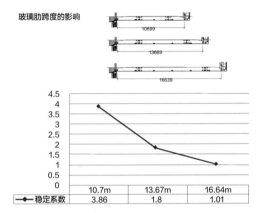

	10.7m	13.67m	16.64m
—◆—稳定系数	3.86	1.8	1.01

当玻璃肋跨度由 10.7m 增加至 16.64m 时，跨度增加了 55.5%，稳定系数则下降了 73.8%。

2. 江海商务大厦幕墙热工分析

2.1 概况

　　江海商务大厦主楼西半部分采用明框玻璃幕墙形式。玻璃类型：6+12A+6mm LOW-E 中空钢化玻璃，U 值为 1.5 W/(m^2·K)，采用隔热铝型材，隔热条长度为 15mm。典型分格尺寸：1400mm×2500mm。

2.2 幕墙整体 U 值影响因素分析

立柱间距分别为 1.1m，1.75m，2.1m 的系统 U 值对比：

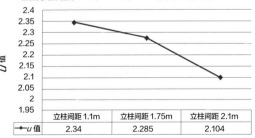

	立柱间距 1.1m	立柱间距 1.75m	立柱间距 2.1m
—◆—U 值	2.34	2.285	2.104

当立柱间距从 1.1m 增加到 2.1m，幕墙的 U 值从 2.34 W/(m^2·K) 降低为 2.104 W/(m^2·K)。

横梁间距分别为 2.5m，3.0m，3.75m 的系统 U 值对比：

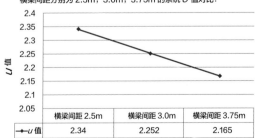

	横梁间距 2.5m	横梁间距 3.0m	横梁间距 3.75m
—◆—U 值	2.34	2.252	2.165

当横梁间距从 2.5m 增加到 3.75m，幕墙的 U 值从 2.34 W/(m^2·K) 降低为 2.165 W/(m^2·K)。

2.3 幕墙节点 U 值影响分析

隔热条位置的变化对节点 U 值的影响

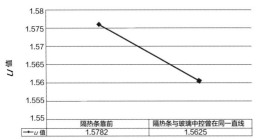

	隔热条靠前	隔热条与玻璃中控管在同一直线
U 值	1.5782	1.5625

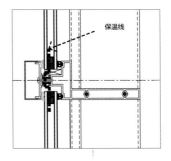
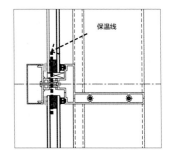

隔热条位置靠前计算出 U 值为 1.5782 W/(m²·K)，隔热条与玻璃中空层在同一直线计算出 U 值为 1.5625 W/(m²·K)。

隔热条长度的变化对节点 U 值的影响

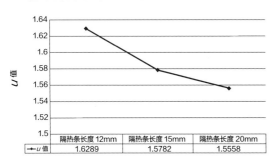

	隔热条长度 12mm	隔热条长度 15mm	隔热条长度 20mm
U 值	1.6289	1.5782	1.5558

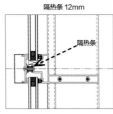

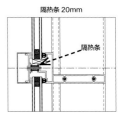

隔热条长度 12mm 幕墙节点 U 值为 1.6289 W/(m²·K)，
隔热条长度 15mm 幕墙节点 U 值为 1.5782 W/(m²·K)，
隔热条长度 20mm 幕墙节点 U 值为 1.5558 W/(m²·K)。

增加泡沫棒对节点 U 值的影响

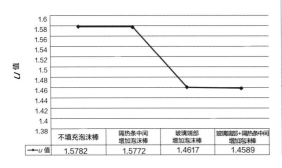

	不填充泡沫棒	隔热条中间增加泡沫棒	玻璃端部增加泡沫棒	玻璃端部+隔热条中间增加泡沫棒
U 值	1.5782	1.5772	1.4617	1.4589

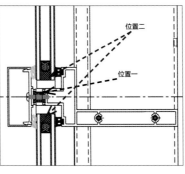

不填充泡沫棒 U 值为 1.5782 W/(m²·K)，
位置一增加泡沫棒 U 值为 1.5772 W/(m²·K)，
位置二增加泡沫棒 U 值为 1.4617 W/(m²·K)，
位置一、位置二均增加泡沫棒 U 值为 1.4589 W/(m²·K)。

不同玻璃类型对节点 U 值的影响

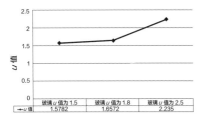

	玻璃 U 值为 1.5	玻璃 U 值为 1.8	玻璃 U 值为 2.5
U 值	1.5782	1.6572	2.235

玻璃 U 值为 1.5 W/(m²·K)，幕墙节点 U 值为 1.5782 W/(m²·K)，
玻璃 U 值为 1.8 W/(m²·K)，幕墙节点 U 值为 1.6572 W/(m²·K)，
玻璃 U 值为 2.5 W/(m²·K)，幕墙节点 U 值为 2.235 W/(m²·K)。

不同间隔条对节点 U 值的影响

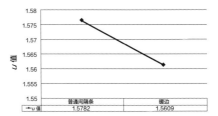

	普通间隔条	暖边
U 值	1.5782	1.5609

使用普通间隔条 U 值为 1.5782 W/(m²·K)，
使用玻璃暖边间隔条 U 值为 1.5609 W/(m²·K)。

2.4 结露分析

露点温度计算条件:
室内环境温度: 20℃
室外环境温度: −5℃
室外对流换热系数: 20 W/(m² · K)

不同玻璃 *U* 值结露分析

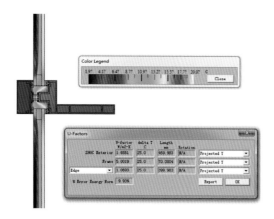

玻璃 *U* 值为 1.5

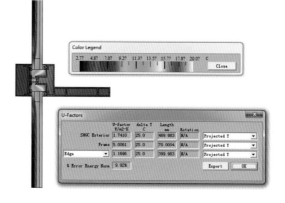

玻璃 *U* 值为 1.8

玻璃 *U* 值为 1.5,室内表面最低温度为 12.8℃,即室内相对湿度低于 63% 时,幕墙内表面均不会结露;
玻璃 *U* 值为 1.8,室内表面最低温度为 11.5℃,即室内相对湿度低于 58% 时,幕墙内表面均不会结露。

不同的间隔条结露分析

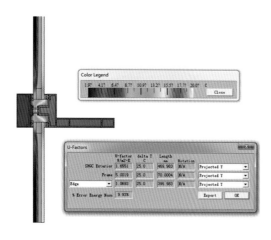

普通玻璃间隔条

玻璃暖边

普通玻璃间隔条,室内表面最低温度为 12.8℃,即室内相对湿度低于 63% 时,幕墙内表面均不会结露;
玻璃暖边,室内表面最低温度为 13.5℃,即室内相对湿度低于 66% 时,幕墙内表面均不会结露。

隔热条不同位置结露分析

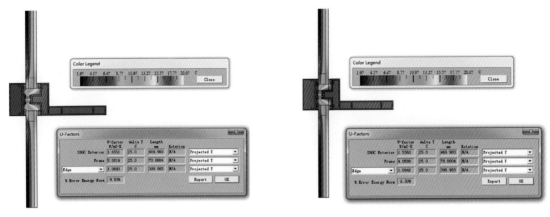

隔热条位置靠前   隔热条位置靠近中间

隔热条位置靠前，室内表面最低温度为 12.8℃，即室内相对湿度低于 63% 时，幕墙内表面均不会结露；
隔热条位置靠近中间，室内表面最低温度为 12.8℃，即室内相对湿度低于 63% 时，幕墙内表面均不会结露。

增加泡沫棒填塞结露分析

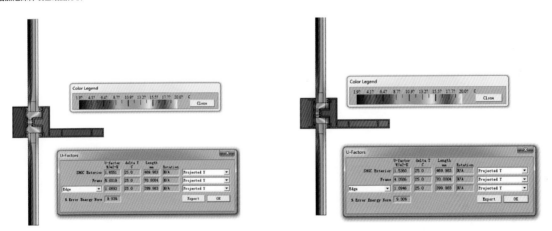

没有增加泡沫棒填塞   玻璃端部 + 隔热条中间都增加泡沫棒

没有增加泡沫棒填塞，室内表面最低温度为 12.8℃，即室内相对湿度低于 63% 时，幕墙内表面均不会结露；
玻璃端部 + 隔热条中间都增加泡沫棒，室内表面最低温度为 12.8℃，即室内相对湿度低于 63% 时，幕墙内表面均不会结露。

2.5 结论

U 值热工分析结论：
（1）玻璃幕墙分格越大，对于幕墙整体 U 值有较大改善。
（2）隔热条位置的设计对于幕墙节点 U 值改善不明显。
（3）隔热条的长度对于节点 U 值也有一定的改善但不明显。
（4）玻璃端部及隔热条中间增加泡沫棒对于节点 U 值有明显的改善。
（5）玻璃本身的 U 值改变对于节点 U 值有较大的改善。
（6）玻璃的间隔条采用暖边对于 U 值有一定的改善但不明显。

结露分析结论：
（1）玻璃的 U 值大小影响玻璃内表面温度，对于结露有明显的改善。
（2）玻璃采用暖边对于结露有一定的改善但不明显。
（3）隔热条位置变化对于结露几乎没有影响。
（4）泡沫棒的填塞对于结露几乎没有影响。

1 构架内景
2 构架外景

| 1 | 2 |

南裙楼西侧构件图

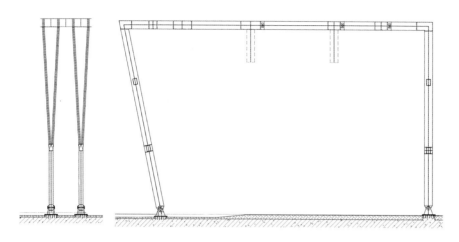

立面图

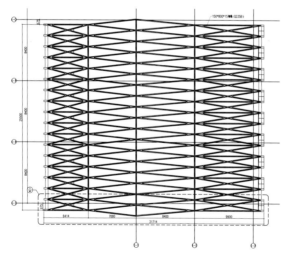

平面图

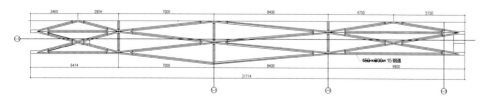

放大图

南裙楼视听室图

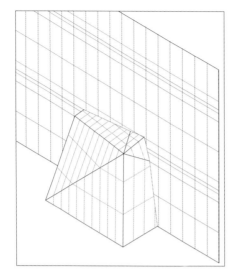

视听室轴测图

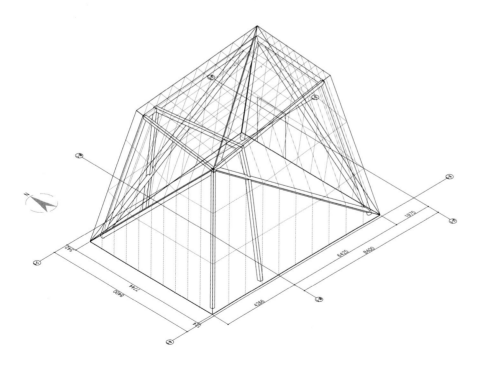

视听室三维分格图

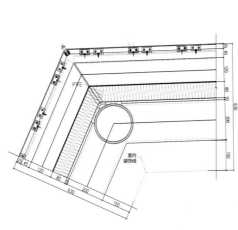

视听室转角节点 1

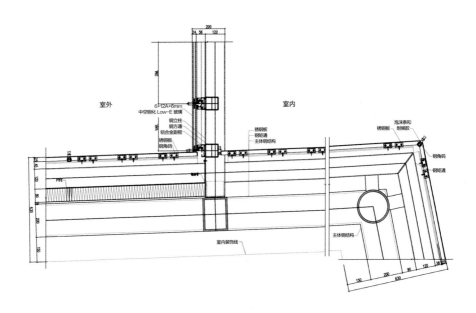

视听室转角节点 2

视听室与立面幕墙相交节点

07 室内
INTERIOR

主入口玻璃方形大厅

办事大厅

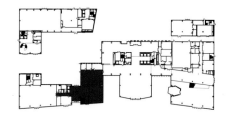

规划展示厅及视听室

接待厅

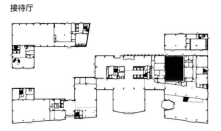

接待室

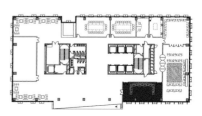

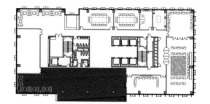

十八层观景平台

1 十八层观景平台
2 十八层电梯厅

| 1 | 2 |

会议厅

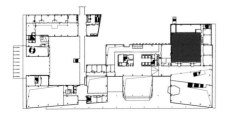

北裙楼前厅

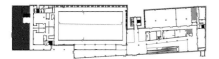

游泳池

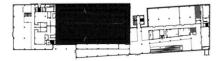

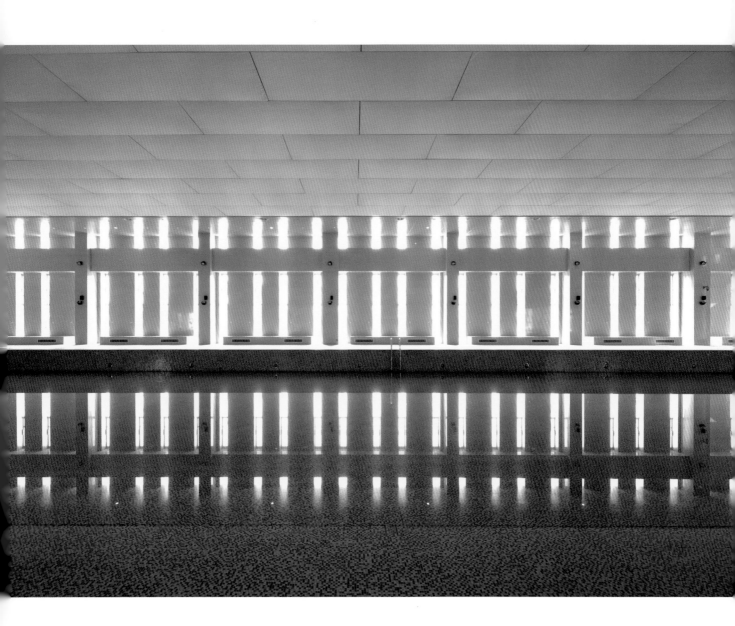

篮球场

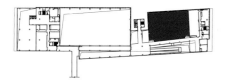

08 景观
LANDSCAPE

| 1 | 2 |

1 庭院长廊
2 庭院局部

1　庭院水景
2　主楼入口处水景

1 水庭中立柱
2 水庭与建筑

09 建筑技术
BUILDING
TECHNOLOGY

江海·建筑气候·设计

文/ 祝伟

对环境中不利气候的防护是产生建筑的初衷，使建筑的室内环境达到相对舒适和稳定是建筑的基本任务。

然而利用机械设备制造的室内微气候，虽然给人们带来了四季如春的舒适感，由此导致的环境问题和疾病问题却也日益严重。因此基于一定的气候环境，在不借助机械设备的条件下，如何通过采用建筑气候设计延长建筑室内的环境舒适时间逐渐成为建筑师的重要课题。

1. 气候

海门市是江苏省南通市下属的县级市。市境位于北纬31°46'-32°09'、东经121°04'-121°32'，根据《公共建筑节能设计标准》（GB 50189-2005），海门属于夏热冬冷地区。

1.1 温度

海门市最热月平均温度27.8℃，最冷月平均温度3.5℃，年平均15℃，年较差24.3℃，日较差7.5℃，极端最高38.9℃，极端最低-10.1℃。

1.2 相对湿度

由逐时相对湿度分析可知，海门地区全年相对湿度都很大，全年的相对湿度平均线在75%~80%之间，因此设计时需要充分考虑到通风防湿的措施。

1.3 风速

海门地区全年平均风速3.1m/s，夏季平均风速3.2m/s，冬季平均风速3.0m/s。风速较大有利于利用自然通风。

春夏季风向主要为东南风，秋季以北风为主，冬季主要为西北风。建筑朝向在春夏季的主导风向±30°范围内，效果较好。

1.4 云量与降水量

海门地区全年云量较多，约60%。雨热同季，夏季雨量约占全年雨量的40%~50%。

1.5 各立面阳光辐射

由最佳朝向图可以很明显地看出建筑的哪个朝向适合利用太阳能，哪个朝向不适合利用太阳能。右页图中黄色部分表示最佳位置，蓝圈表示最冷的

3个月各个方向太阳辐射量，红圈表示最热的3个月各个方向太阳辐射量，绿色表示全年各方向平均辐射量，图中红色箭头表示最热3个月最大辐射量的方向，蓝色箭头表示最冷3个月最大辐射量的方向，绿色箭头表示全年平均辐射量最大的方向。

分析结果表明，在海门地区，建筑的最佳朝向是南偏东20°，最差的朝向是东偏北20°。建筑设计时应尽量将建筑的主朝向定在最佳方向的±30°以内，以保证冬季得到较充足的阳光辐射，同时避免夏季的日照。本项目由于场地限制，主朝向约为南偏东45°角。

整体来讲，本项目阳光辐射的特点是东南与西南方向全年中的阳光辐射较平均，东北与西北方向则冬季辐射较弱，夏季辐射较强。因此，如何利用东南、西南方向在冬季的阳光辐射，以及设法避免夏季东北与西北方向的阳光辐射成为本项目急需解决的问题。

全年风速风频

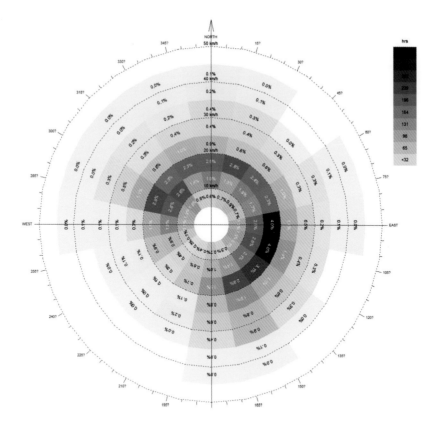

最佳朝向图

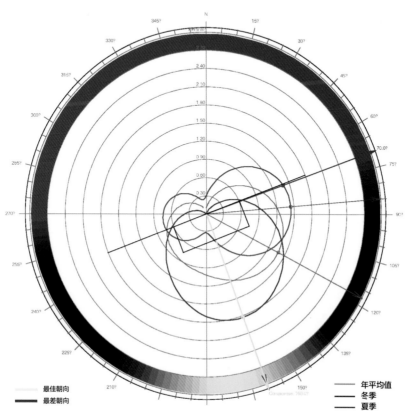

当地气候舒适时间比例

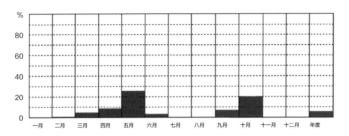

海门自然气候的舒适时间较少，只有 5 月与 10 月各有 20% 的时间较舒适，全年舒
适的时间加起来也只有十多天。

2. 各种策略的舒适时间提高比例

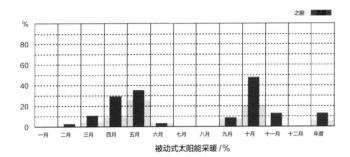

被动式太阳能采暖 / %

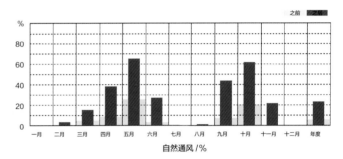

自然通风 / %

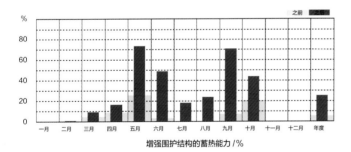

增强围护结构的蓄热能力 / %

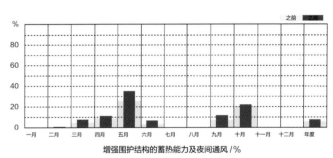

增强围护结构的蓄热能力及夜间通风 / %

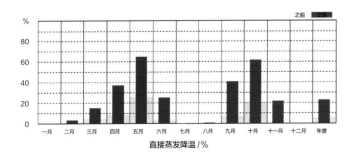

直接蒸发降温 / %

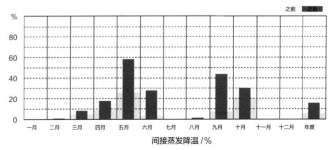

间接蒸发降温 / %

从左边的图表可以得出以下一些结论：

（1）在海门地区，被动式太阳能采暖效果较好，发挥效率的时间主要是3~5月和10~11月。而实际上即使在冬季，虽然不能增加舒适的时间，却也在减少制热能耗，因此被动式太阳能采暖实际可以发挥作用的时间是10月到第二年的5月。

（2）与其他措施相比，自然通风对于提高舒适时间的效果是最好的，其发挥作用的时间主要在5~10月。

（3）增强围护结构的蓄热能力发挥作用的时间则主要集中在3~6月和9~11月。

（4）夜间通风对于增强围护结构的蓄热能力几乎没有补偿作用，这是由于夏季当地温差不够大和空气较高的缘故。

（5）直接蒸发降温的作用是几乎可以忽略，这是由于当地湿度很大，直接蒸发降温会进一步提高湿度，因此直接蒸发降温几乎不会提高舒适时间。

（6）间接蒸发降温有一定的作用，特别是在5月、6月和9月。

比较而言，效率较高的措施是被动式太阳能采暖、自然通风及增强围护结构的蓄热能力。由于本项目主要为写字楼，外墙中不透明墙体的比例不宜过高，因此选择被动式太阳能采暖及自然通风作为提高舒适度的主要措施。两种措施组合的效果详见下图。

3. 具体设计措施

江海商务大厦项目设计中，采用了如下一些具体措施延长建筑室内的环境舒适时间：

（1）本项目主楼朝向为南偏东45°，与春夏季的主导风向一致，与最佳朝向在30°以内。

（2）本工程采用竖向线条作为主楼的主要装饰，几乎完全遮挡了夏季东北与西北方向的阳光辐射，避免了东晒与西晒的问题；同时东南与西南方向则可以在冬季充分利用阳光辐射，进行被动式太阳能采暖。

（3）玻璃的太阳能透过率为60%，保证了东南与西南方向在冬季充分利用太阳能。

（4）采用高反射率（热能反射率65%）的内遮阳帘，在夏季将大部分阳光辐射反射到室外。

（5）裙楼则采用了大量的遮阳板或竖向遮阳，既为建筑遮挡了夏季强烈的阳光，同时也充分争取到了冬季的阳光辐射。

（6）在主导风向上设置了大量电动平推窗，更利用竖向线条作为导风板，保证了大部分东南方向的来风都能被有效地利用。

（7）幕墙气密性定为4级，有效减少了冬季的通风能耗。

（8）面材均选择了较低传热系数的材料，玻璃的 U 值为1.7 W/(m²·K)，不透明区域的 U 值为0.5 W/(m²·K)，以减少冬季的制热能耗。

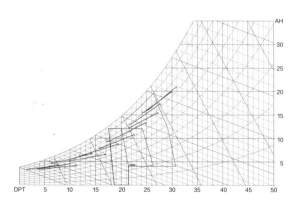

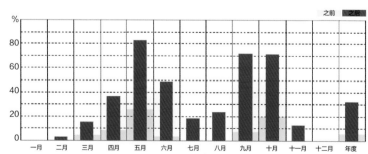

被动式太阳能采暖及自然通风提高舒适时间的比例 /%

10 团队
TEAM

李瑶　　　　　　　江海商务大厦的设计及实施，正逢我职业生涯的定位改变，在完成了整个设计过程转向实施之时，抱着无法割舍的情怀继续完成了项目的支持。感谢业主及设计团队成员的信任和奉献。在项目落成之际，面对各方的赞许，体会更多的是安慰与平静。

吴正　　　　　　　设计的过程不易，建造的过程更是不乏问题的重新审视。项目竣工的一刻，一个名为"江海之帆"的建筑矗立于长江之沿，静静审视着未来的变迁。踏上位于十八层的观光大厅，俯瞰尽在眼前的长江美景，作为一名"孕育者"，我感到无比骄傲和荣幸。

尹佳　　　　　　　当闪现的灵光碰撞理性的思维，那一瞬间的火花就成为凝固成永恒的经典。我们收获一件佳作，收获一片喝彩。

邱定东　　　　　　精心的设计，细心的把控，造就了现在简约但不失庄重的设计风格。

建筑设计团队：

建筑设计：李瑶　吴正　李俊　刘芳　宋莹　陈洁

室内设计：李瑶　邱定东　李俊

幕墙顾问：尹佳　张杰

建设单位：

海门江海建设投资有限公司

图书在版编目(CIP)数据

江·海 / 李瑶主编. -- 上海：同济大学出版社，
2013.9
（大小建筑系列. 第1辑）
ISBN 978-7-5608-5292-8

Ⅰ.①江… Ⅱ.①李… Ⅲ.①建筑设计－作品集－中
国－现代 Ⅳ.①TU206

中国版本图书馆CIP数据核字(2013)第220684号

主　　编	李　瑶
副 主 编	吴　正　尹　佳
成　　员	邱定东　张　杰
版面设计	娄奕斑
摄　　影	刘其华　庄　哲

大小建筑系列·第1辑

江·海

李瑶 主编

策划编辑 张睿　　**责任编辑** 张睿　　**责任校对** 徐春莲　　**封面设计** 娄奕斑

出版发行　　同济大学出版社
经　　销　　全国各地新华书店
印　　刷　　上海千祥印刷有限公司
开　　本　　889mm×1194mm　1/16
印　　张　　9.5
字　　数　　23 7000
版　　次　　2013年9月第1版　2013年9月第1次印刷
书　　号　　ISBN 978-7-5608-5292-8

总 定 价　　288.00元（共2册）